Ruby Jindal

Para além dos resíduos: Explorando as reutilizações sustentáveis do plástico

Ruby Jindal

Para além dos resíduos: Explorando as reutilizações sustentáveis do plástico

ScienciaScripts

Cover image: www.ingimage.com

This book is a translation from the original published under ISBN 978-620-7-64714-9.

Publisher:
Sciencia Scripts
is a trademark of
Dodo Books Indian Ocean Ltd. and OmniScriptum S.R.L publishing group

120 High Road, East Finchley, London, N2 9ED, United Kingdom
Str. Armeneasca 28/1, office 1, Chisinau MD-2012, Republic of Moldova, Europe
Printed at: see last page
ISBN: 978-620-7-65594-6

PREFÁCIO

Numa época em que as preocupações ambientais estão na vanguarda do discurso global, a questão dos resíduos de plástico assume grande importância. O plástico, outrora aclamado como um material milagroso pela sua versatilidade e durabilidade, tornou-se atualmente um símbolo de degradação ambiental. Desde os oceanos repletos de detritos de plástico aos aterros sanitários a transbordar de embalagens descartadas, o impacto dos resíduos de plástico no nosso planeta é inegável.

No entanto, no meio da tristeza e da desgraça, há uma réstia de esperança. Este livro tem como objetivo explorar as inúmeras formas como o plástico pode ser reutilizado e reciclado para criar um futuro mais sustentável. Desde tecnologias inovadoras a iniciativas de base, da arte à arquitetura, as possibilidades de reutilização do plástico são limitadas apenas pela nossa imaginação.

Por

Dr. Ruby Jindal

(Universidade K.R.Mangalam, Gurugram)

Capítulo 1: A ascensão do plástico

- **Traçar a história do plástico desde a sua criação até à sua omnipresença na sociedade moderna**

Traçar a história do plástico revela uma narrativa cativante da inovação humana e da evolução da ciência dos materiais. A viagem começa no século XIX, quando materiais naturais como o marfim, a borracha e a celulose eram as principais fontes de fabrico. No entanto, as limitações destes materiais, juntamente com a crescente procura de alternativas duradouras, versáteis e económicas, estimularam a procura de materiais sintéticos.

A história da plasticidade moderna começa, sem dúvida, em 1862, quando Alexander Parkes apresentou o Parkesine, o primeiro plástico produzido pelo homem, na Grande Exposição Internacional de Londres. O Parkesine era derivado da celulose, um polímero natural presente nas paredes celulares das plantas, e marcou o início da indústria do plástico. Apesar do seu fracasso comercial devido aos elevados custos de produção, o Parkesine lançou as bases para os desenvolvimentos subsequentes na tecnologia do plástico.

A verdadeira descoberta ocorreu em 1907, quando Leo Baekeland inventou a baquelite, o primeiro plástico totalmente sintético do mundo. A baquelite, derivada do fenol e do formaldeído, revolucionou as indústrias com a sua resistência ao calor, propriedades de isolamento elétrico e capacidade de moldagem. A sua adoção generalizada em bens de consumo, aparelhos eléctricos e peças para automóveis impulsionou a indústria dos plásticos para a proeminência.

Durante o início e meados do século XX, os plásticos continuaram a evoluir rapidamente, com o aparecimento de novos polímeros e técnicas de fabrico. A Segunda Guerra Mundial desempenhou um papel fundamental na aceleração da inovação dos plásticos, uma vez que materiais como o nylon, o PVC e o poliestireno encontraram aplicações militares alargadas. A prosperidade do pós-guerra e os avanços tecnológicos alimentaram a "Era dos Plásticos", caracterizada pela produção em massa, produtos descartáveis e revolução nas embalagens.

Os anos 50 testemunharam a introdução do polietileno e do polipropileno, dois polímeros versáteis que lançaram as bases para as embalagens, recipientes e produtos de consumo de plástico modernos. O advento do plástico revolucionou inúmeras indústrias, desde os cuidados de saúde aos transportes, dando início a uma era de conveniência e crescimento económico sem precedentes.

No final do século XX, o plástico tinha penetrado em todos os aspectos da vida quotidiana, tornando-se sinónimo de modernidade e progresso. O seu baixo custo, durabilidade e adaptabilidade tornaram-no indispensável em indústrias que vão desde a agricultura à indústria aeroespacial. No entanto, a par dos seus triunfos, o impacto ambiental do plástico começou a emergir como uma preocupação premente.

Atualmente, o plástico é omnipresente na sociedade moderna, com uma produção anual superior a centenas de milhões de toneladas métricas. A sua presença faz-se sentir em praticamente todos os cantos do globo, desde os oceanos mais profundos até às montanhas mais altas. Embora o plástico tenha, sem dúvida, revolucionado a civilização humana, a sua proliferação também precipitou uma crise ambiental global, levando a apelos a alternativas sustentáveis e a um consumo responsável.

Ao traçarmos a história do plástico, ficamos a conhecer a capacidade de inovação da humanidade, as complexidades da cultura material e a interligação entre o progresso tecnológico e a gestão ambiental. Ao enfrentarmos os desafios colocados pela poluição plástica no século XXI, compreender as suas origens e evolução torna-se essencial para traçar um caminho em direção a um futuro mais sustentável.

- **Explorar os vários tipos de plástico e as suas propriedades.**

A exploração dos vários tipos de plástico revela uma paisagem diversificada de materiais com propriedades, aplicações e impactos ambientais únicos. Os plásticos são classificados com base na sua estrutura molecular, que influencia as suas propriedades mecânicas, químicas e térmicas. Aqui estão alguns dos tipos mais comuns de plásticos e as suas principais características:

1. Polietileno (PE):

- O polietileno (PE) é um polímero versátil com duas variantes principais: o polietileno de alta densidade (HDPE) e o polietileno de baixa densidade (LDPE), cada um com propriedades e aplicações únicas. O PEAD, conhecido pela sua excecional relação resistência-densidade, destaca-se pela sua rigidez, durabilidade e resistência à humidade e aos produtos químicos. Isto torna-o um material indispensável em várias indústrias, particularmente no fabrico de garrafas, tubos e contentores. As garrafas de PEAD são preferidas pela sua capacidade de conter líquidos de forma segura sem fugas, o que as torna uma escolha popular para embalar bebidas, produtos de limpeza doméstica e produtos químicos industriais. Além disso, os tubos de PEAD são amplamente utilizados em sistemas de distribuição de água, drenagem e esgotos devido à sua resistência à corrosão e longa vida útil. A natureza robusta dos contentores de PEAD também os torna adequados para armazenar e transportar uma vasta gama de mercadorias, desde produtos alimentares a produtos farmacêuticos. Por outro lado, o LDPE apresenta flexibilidade, leveza e excelente resistência química, o que o torna ideal para aplicações como películas de embalagem, sacos de supermercado e garrafas squeeze. As películas de embalagem de PEBD proporcionam uma barreira protetora para produtos perecíveis, enquanto os sacos de supermercado oferecem uma solução conveniente e leve para transportar as compras. As garrafas squeeze feitas de PEBD são normalmente utilizadas para distribuir líquidos como condimentos, molhos e produtos de higiene pessoal. De um modo geral, tanto o PEAD como o PEBD desempenham papéis cruciais no fabrico e embalagem modernos, satisfazendo diversas necessidades em todos os sectores e oferecendo soluções que dão prioridade à durabilidade, funcionalidade e sustentabilidade ambiental.

2. Polipropileno (PP):

O polipropileno (PP) é um polímero termoplástico versátil, conhecido pela sua dureza, resistência ao calor e excelente resistência química. Estas propriedades excepcionais fazem dele um material de eleição em várias indústrias, incluindo a automóvel, a de embalagens alimentares e a têxtil.

No sector automóvel, o polipropileno é amplamente utilizado no fabrico de vários componentes devido à sua durabilidade e resistência.

O PP é utilizado em interiores de automóveis para produzir painéis de instrumentos, guarnições de portas e consolas, onde a sua dureza e resistência à abrasão são altamente valorizadas. Além disso, o polipropileno é utilizado na produção de peças exteriores, como para-choques e revestimentos de guarda-lamas, onde a sua resistência ao impacto e a capacidade de suportar condições ambientais adversas são cruciais.

Além disso, o polipropileno é amplamente utilizado na embalagem de alimentos devido à sua inércia e excelente resistência química, garantindo a segurança e a integridade dos alimentos embalados. Os recipientes de PP e as películas de embalagem proporcionam uma barreira fiável contra a humidade, o oxigénio e outros contaminantes, prolongando assim o prazo de validade dos produtos perecíveis. Além disso, os recipientes para alimentos em PP são seguros para micro-ondas e podem suportar temperaturas elevadas, tornando-os adequados para reaquecer e armazenar produtos alimentares.

Na indústria têxtil, as fibras de polipropileno são valorizadas pela sua força excecional, propriedades de absorção de humidade e resistência ao bolor e ao mofo. As fibras PP são utilizadas numa variedade de aplicações têxteis, incluindo cordas, tapetes, estofos e geotêxteis. A resistência inerente do polipropileno à humidade e aos produtos químicos torna-o uma escolha ideal para têxteis industriais e de exterior, onde a durabilidade e o desempenho são fundamentais.

De um modo geral, a dureza, a resistência ao calor e a inércia química do polipropileno fazem dele um material versátil com uma vasta gama de aplicações. Desde peças automóveis a embalagens alimentares e têxteis, o polipropileno continua a desempenhar um papel crucial no fabrico moderno, oferecendo soluções que dão prioridade à durabilidade, segurança e desempenho.

3. Cloreto de polivinilo (PVC):

O cloreto de polivinilo (PVC) é um exemplo proeminente de um plástico versátil conhecido pela sua durabilidade, resistência às intempéries e retardamento de chama. A sua versatilidade valeu-lhe um papel significativo em várias indústrias, incluindo a construção, os cuidados de saúde e a indústria transformadora.

Em primeiro lugar, o PVC é reconhecido pela sua durabilidade excecional, o que o torna ideal para aplicações que exigem desempenho e fiabilidade a longo prazo. No sector da construção, o PVC é amplamente utilizado no fabrico de tubos, onde a sua resistência à corrosão e à degradação química garante a integridade dos sistemas de canalização. Além disso, o PVC é amplamente utilizado em caixilharias de janelas, onde a sua resistência às intempéries e os baixos requisitos de manutenção fazem dele a escolha preferida para edifícios residenciais e comerciais.

Além disso, as propriedades retardadoras de chama do PVC fazem dele um material crucial para garantir a segurança em várias aplicações. No sector dos pavimentos, o PVC é normalmente utilizado para produzir pavimentos de vinil, em que o seu retardamento de chama ajuda a evitar a propagação de incêndios, melhorando as normas de segurança dos edifícios. Além disso, a capacidade do PVC para suportar temperaturas elevadas e ambientes agressivos levou à sua adoção no fabrico de dispositivos médicos, incluindo tubos, cateteres e sacos IV.

No entanto, apesar das suas numerosas vantagens, a produção e a eliminação do PVC colocam desafios ambientais significativos. O processo de fabrico do PVC envolve a utilização de cloro, que pode libertar substâncias químicas tóxicas, como as dioxinas e os ftalatos, para o ambiente. Além disso, a eliminação do PVC através da incineração pode levar à emissão de poluentes perigosos, agravando ainda mais as preocupações ambientais.

Consequentemente, o PVC tornou-se um alvo de escrutínio ambiental e de medidas regulamentares destinadas a atenuar os seus impactos adversos. Os esforços para resolver estas preocupações incluem o desenvolvimento de materiais alternativos, como os plásticos de base biológica e os polímeros recicláveis, bem como a implementação de práticas de fabrico mais sustentáveis.

Em conclusão, a versatilidade e o desempenho do PVC tornaram-no um material valioso em vários sectores, desde a construção aos cuidados de saúde. No entanto, o seu impacto ambiental sublinha a importância da adoção de práticas mais sustentáveis e da exploração de materiais alternativos para mitigar os potenciais riscos associados à produção e eliminação do PVC.

4. Poliestireno (PS):

O poliestireno (PS) destaca-se entre os plásticos pela sua natureza leve, rigidez e excelentes propriedades de isolamento, tornando-o um material versátil com diversas aplicações em vários sectores.

Em primeiro lugar, o poliestireno é valorizado pelas suas características leves mas rígidas, o que o torna uma escolha ideal para materiais de embalagem. As embalagens de PS são normalmente utilizadas para proteger artigos frágeis durante o transporte e o armazenamento, devido à sua capacidade de amortecer os impactos. Além disso, a rigidez do poliestireno torna-o adequado para talheres descartáveis e recipientes para alimentos, proporcionando uma solução conveniente e económica para artigos de serviço alimentar de utilização única.

Além disso, as excepcionais propriedades de isolamento do poliestireno fazem dele um material preferido para aplicações de isolamento térmico. O poliestireno expandido (EPS), também conhecido como esferovite, é amplamente utilizado na construção para isolar edifícios, telhados e fundações. As suas propriedades leves e resistentes à humidade tornam-no uma opção eficiente e duradoura para manter temperaturas interiores confortáveis, reduzindo o consumo de energia.

No entanto, apesar da sua utilidade, o poliestireno expandido (EPS) coloca desafios ambientais significativos devido à sua natureza não biodegradável. Os produtos de espuma de EPS, tais como materiais de embalagem e recipientes para alimentos, podem persistir no ambiente durante centenas a milhares de anos, contribuindo para a poluição por plásticos. Além disso, a eliminação do EPS apresenta desafios, uma vez que muitas vezes não é reciclável nos programas de reciclagem municipais normais e pode ocupar um espaço significativo nos aterros.

A abordagem do impacto ambiental do poliestireno exige esforços concertados para reduzir a sua utilização, promover a reciclagem e materiais alternativos e desenvolver métodos de eliminação mais sustentáveis. As inovações em alternativas biodegradáveis e compostáveis à espuma EPS oferecem soluções promissoras para reduzir a pegada ambiental dos produtos de poliestireno. Além disso, uma maior sensibilização do público para as consequências ambientais da utilização do poliestireno pode incentivar os consumidores e as empresas a fazerem escolhas mais sustentáveis em termos de embalagens e materiais de isolamento.

Em conclusão, embora o poliestireno ofereça propriedades valiosas como a leveza, a rigidez e o isolamento, o seu impacto ambiental sublinha a necessidade de práticas de utilização e eliminação responsáveis. Ao promover alternativas e soluções sustentáveis, podemos minimizar os efeitos adversos do poliestireno no ambiente e avançar para um futuro mais sustentável.

5. Politereftalato de etileno (PET):

O politereftalato de etileno (PET) surge como um plástico altamente versátil, conhecido pela sua transparência, leveza e excepcionais propriedades de barreira contra gases e humidade. A sua combinação única de propriedades torna-o um material de eleição em várias indústrias, com aplicações predominantes em embalagens de bebidas, embalagens de alimentos e têxteis.

A transparência do PET é uma caraterística fundamental que reforça o seu atrativo nas aplicações de embalagem, permitindo que os consumidores vejam claramente o conteúdo dos recipientes. Esta transparência é particularmente desejável nas garrafas de bebidas, onde a visibilidade do produto pode influenciar as decisões de compra. As garrafas PET para bebidas são amplamente utilizadas para embalar água, bebidas gaseificadas, sumos e outras bebidas, oferecendo uma solução visualmente apelativa e higiénica para o consumo dos consumidores.

Além disso, a leveza do PET contribui para a sua popularidade nas embalagens, uma vez que ajuda a reduzir os custos de transporte e o impacto ambiental associado ao transporte e manuseamento. A leveza das garrafas e dos recipientes PET também aumenta a comodidade para os consumidores, tornando-os mais fáceis de transportar.

Para além da transparência e da leveza, o PET possui excelentes propriedades de barreira contra gases como o oxigénio e o dióxido de carbono, bem como contra a humidade. Estas propriedades de barreira ajudam a prolongar o prazo de validade dos produtos embalados, preservando a frescura e o sabor e evitando a deterioração e a contaminação. A eficácia do PET como material de barreira torna-o adequado para a embalagem de alimentos perecíveis, incluindo frutas, legumes, carnes e produtos lácteos.

Além disso, o PET encontra aplicações na indústria têxtil, onde a sua versatilidade e durabilidade o tornam um material ideal para o fabrico de tecidos e fibras. As fibras PET, vulgarmente conhecidas como poliéster, são utilizadas numa vasta gama de produtos têxteis, incluindo vestuário, estofos, tapetes e equipamento de exterior. Os têxteis PET oferecem vantagens como resistência ao enrugamento, propriedades de absorção de humidade e solidez da cor, tornando-os adequados para diversas aplicações em vestuário e mobiliário doméstico.

Globalmente, o politereftalato de etileno (PET) desempenha um papel vital nas embalagens modernas, oferecendo transparência, leveza e excelentes propriedades de barreira que satisfazem os requisitos rigorosos das garrafas de bebidas, embalagens de alimentos e têxteis. A sua versatilidade, aliada à sua sustentabilidade e capacidade de reciclagem, posiciona o PET como um material preferido para responder às necessidades dos consumidores e da indústria, minimizando o impacto ambiental.

6. Politereftalato de etileno glicol (PETG):

O politereftalato de etileno glicol (PETG) representa uma forma modificada de politereftalato de etileno (PET), apresentando propriedades melhoradas que satisfazem aplicações específicas que requerem clareza, flexibilidade e resistência ao impacto. Esta variante modificada é amplamente utilizada em várias indústrias, particularmente em aplicações em que a embalagem transparente é essencial, como expositores e dispositivos médicos.

Uma das características distintivas do PETG é a sua maior transparência em comparação com o PET normal. Esta maior transparência permite ao PETG oferecer uma excelente visibilidade dos produtos embalados, tornando-o um material ideal para aplicações em que a estética visual é crucial. Em ambientes de venda a retalho, o PETG é frequentemente utilizado em vitrinas, embalagens de produtos e expositores de pontos de venda, permitindo que os fabricantes apresentem os seus produtos de forma atractiva e que os clientes os examinem com clareza.

Para além da transparência, o PETG apresenta uma maior flexibilidade em comparação com o PET convencional, tornando-o mais versátil e adaptável a uma gama mais vasta de aplicações. A sua flexibilidade permite que o PETG se adapte a formas e contornos complexos, facilitando o fabrico de designs complexos e soluções de embalagem personalizadas. Esta flexibilidade é particularmente vantajosa na produção de dispositivos médicos, onde a moldagem precisa e as considerações ergonómicas são fundamentais.

Além disso, o PETG apresenta uma maior resistência ao impacto, proporcionando durabilidade e proteção aos produtos e componentes embalados. A sua capacidade de resistir a impactos e a um manuseamento brusco torna o PETG adequado para aplicações que exigem soluções de embalagem robustas, como tampas de proteção, caixas e embalagens de transporte. No sector médico, o PETG é normalmente utilizado no fabrico de componentes para dispositivos médicos, como tabuleiros, caixas e invólucros, em que a durabilidade e a segurança são requisitos essenciais.

De um modo geral, o politereftalato de etileno glicol (PETG) oferece uma combinação atraente de propriedades, incluindo maior transparência, flexibilidade e resistência ao impacto, o que o torna a escolha preferida para aplicações que exigem embalagens transparentes e materiais duradouros. A sua versatilidade e desempenho fazem do PETG um material valioso em sectores como o retalho, a saúde e a indústria transformadora, onde as soluções de embalagem transparentes e de alta qualidade são essenciais para a apresentação, proteção e segurança dos produtos.

7. Policarbonato (PC):

O policarbonato (PC) destaca-se como um termoplástico notável conhecido pela sua força excecional, transparência e resistência ao calor, tornando-o um material preferido para uma gama diversificada de aplicações em várias indústrias.

Uma das características mais notáveis do policarbonato é a sua resistência excecional, que ultrapassa a de muitos outros plásticos. Esta resistência inerente faz com que o policarbonato seja altamente resistente ao impacto, tornando-o uma escolha ideal para aplicações em que a durabilidade e a proteção são fundamentais. No domínio dos óculos, as lentes de policarbonato oferecem uma resistência superior ao impacto em comparação com os materiais tradicionais, proporcionando uma maior segurança e proteção dos olhos do utilizador contra impactos e detritos.

Além disso, a transparência do policarbonato é outro atributo fundamental que aumenta a sua versatilidade e atração em numerosas aplicações. A sua clareza ótica permite a passagem da luz com o mínimo de distorção, tornando-o adequado para aplicações em que a visibilidade e a estética são importantes. Nos componentes automóveis, o policarbonato é utilizado para peças transparentes, como lentes de faróis, tectos de abrir e painéis de instrumentos, proporcionando clareza e visibilidade aos condutores, ao mesmo tempo que oferece durabilidade e resistência ao impacto.

Além disso, o policarbonato apresenta uma excelente resistência ao calor, permitindo-lhe suportar temperaturas elevadas sem se deformar ou perder a sua integridade estrutural. Esta resistência ao calor torna o policarbonato adequado para aplicações em caixas electrónicas, onde os componentes podem gerar calor durante o funcionamento. Os invólucros em policarbonato protegem os dispositivos electrónicos e permitem uma dissipação eficiente do calor, garantindo um desempenho e uma fiabilidade óptimos.

Além disso, a combinação de força, transparência e resistência ao calor do policarbonato torna-o um material preferido para suportes de armazenamento ótico, como CDs e DVDs. Os discos de policarbonato servem de substratos duradouros para o armazenamento de dados digitais, oferecendo uma elevada clareza ótica e resistência a riscos e danos.

8. Acrilonitrilo Butadieno Estireno (ABS):

O acrilonitrilo butadieno-estireno (ABS) é um termoplástico altamente versátil conhecido pela sua excecional dureza, resistência ao impacto e estabilidade dimensional, o que faz dele um material preferido para uma vasta gama de aplicações em várias indústrias.

Uma das principais características do ABS é a sua dureza, que lhe permite suportar fortes impactos e tensões mecânicas sem quebrar ou deformar. Esta resistência inerente faz do ABS uma escolha popular para aplicações em que a durabilidade e a resiliência são essenciais, como na eletrónica de consumo. O ABS é normalmente utilizado no fabrico de caixas de dispositivos electrónicos, invólucros e componentes estruturais, proporcionando proteção e integridade estrutural a dispositivos electrónicos como computadores portáteis, smartphones e electrodomésticos.

Além disso, o ABS apresenta uma excelente resistência ao impacto, o que o torna adequado para aplicações sujeitas a manuseamento brusco e forças externas. Na indústria automóvel, o ABS é utilizado para o fabrico de vários componentes interiores e exteriores, incluindo painéis de instrumentos, peças de acabamento e para-choques. A sua capacidade de resistir a impactos e vibrações faz do ABS um material ideal para peças automóveis que requerem durabilidade e longevidade em ambientes difíceis.

Além disso, o ABS oferece uma boa estabilidade dimensional, o que significa que mantém a sua forma e tamanho mesmo quando exposto a flutuações de temperatura e humidade. Esta estabilidade dimensional torna o ABS adequado para aplicações que requerem dimensões precisas e consistentes, como na produção de brinquedos e modelos. O

ABS é normalmente utilizado no fabrico de brinquedos devido à sua capacidade de ser moldado em formas e desenhos complexos, mantendo a integridade estrutural e os detalhes.

Além disso, o ABS é facilmente moldável, permitindo a obtenção de formas e desenhos complexos com elevada precisão e exatidão. A sua versatilidade em técnicas de processamento, como a moldagem por injeção e a extrusão, faz com que seja a escolha preferida dos fabricantes que procuram métodos de produção rentáveis e eficientes.

9. Furanoato de polietileno (PEF):

O polifuranoato de etileno (PEF) representa uma alternativa inovadora de base biológica ao tradicional politereftalato de etileno (PET), oferecendo propriedades semelhantes, mas com um melhor desempenho de barreira e uma maior sustentabilidade ambiental. O PEF está a atrair uma atenção significativa como um material promissor para várias aplicações, particularmente em embalagens de bebidas e outras indústrias que procuram alternativas sustentáveis aos plásticos convencionais.

Uma das principais vantagens do PEF é a sua origem biológica, derivada de fontes de biomassa renováveis, como os açúcares vegetais. Ao contrário do PET, que é principalmente derivado de combustíveis fósseis, o PEF oferece uma alternativa mais amiga do ambiente, reduzindo a dependência de recursos não renováveis e diminuindo as emissões de carbono associadas à sua produção. À medida que aumentam as preocupações com as alterações climáticas e o esgotamento dos recursos, a mudança para plásticos de base biológica como o PEF representa um passo significativo para uma economia mais sustentável e circular.

Além disso, o PEF partilha muitas propriedades semelhantes às do PET, incluindo transparência, leveza e excelentes propriedades de barreira contra gases e humidade. No entanto, o PEF apresenta um desempenho de barreira superior ao do PET, proporcionando uma melhor proteção contra a permeação de oxigénio e prolongando o prazo de validade dos produtos embalados. Este desempenho de barreira melhorado torna o PEF particularmente adequado para embalagens de bebidas, onde a manutenção da frescura e da qualidade do produto é fundamental.

Além disso, o PEF é compatível com a infraestrutura de fabrico de PET existente, permitindo uma integração perfeita nos processos de produção e cadeias de abastecimento existentes. Esta compatibilidade facilita a adoção do PEF por empresas de bebidas e fabricantes de embalagens, permitindo uma transição suave para soluções de embalagem mais sustentáveis sem um investimento significativo em novos equipamentos ou tecnologias.

Devido à sua origem de base biológica, ao seu melhor desempenho de barreira e à sua compatibilidade com as infra-estruturas existentes, o PEF está a ganhar força como material preferido para embalagens de bebidas e outras aplicações em que a sustentabilidade e o desempenho são igualmente importantes. O interesse crescente no PEF reflecte uma tendência mais ampla da indústria para explorar alternativas de base biológica aos plásticos convencionais e avançar para um futuro mais sustentável.

10. Bioplásticos:

Os bioplásticos representam uma classe revolucionária de materiais derivados de recursos renováveis, como o amido de milho, a cana-de-açúcar ou a celulose, oferecendo uma alternativa sustentável aos plásticos tradicionais à base de petróleo. Estes materiais inovadores podem ser biodegradáveis ou compostáveis, apresentando vantagens ambientais significativas em relação aos plásticos convencionais.

Uma das principais vantagens dos bioplásticos é a sua origem renovável. Ao contrário dos plásticos tradicionais, que são derivados de combustíveis fósseis finitos, os bioplásticos são obtidos a partir de recursos de biomassa abundantes e renováveis. Isto reduz a dependência de recursos não renováveis, diminui as emissões de carbono e ajuda a mitigar o impacto ambiental associado à extração e processamento de combustíveis fósseis.

Além disso, os bioplásticos oferecem o potencial de biodegradabilidade ou compostabilidade no final do seu ciclo de vida, dependendo da sua composição e processamento específicos. Os bioplásticos biodegradáveis podem ser decompostos por microorganismos em compostos naturais como a água, o dióxido de carbono e a biomassa, reduzindo a acumulação de resíduos de plástico no ambiente. Os bioplásticos compostáveis podem ser submetidos a processos industriais de compostagem, onde se decompõem em matéria orgânica e contribuem para a produção de composto rico em nutrientes para o enriquecimento do solo.

Além disso, os bioplásticos apresentam propriedades semelhantes às dos plásticos convencionais em termos de versatilidade, funcionalidade e desempenho. Podem ser moldados em várias formas e formatos utilizando os processos e equipamentos de fabrico existentes, o que os torna adequados para uma vasta gama de aplicações em indústrias como a embalagem, a agricultura, a indústria automóvel e os bens de consumo.

No entanto, é essencial notar que os benefícios ambientais dos bioplásticos dependem de vários factores, incluindo a sua origem, métodos de produção, gestão do fim de vida e práticas de eliminação. Embora os bioplásticos ofereçam vantagens potenciais em relação aos plásticos tradicionais em termos de fontes renováveis e de opções de fim de vida, há ainda que enfrentar desafios como a escalabilidade, a competitividade dos custos e a compatibilidade com as infra-estruturas existentes.

Em geral, os bioplásticos representam uma solução promissora para os desafios ambientais colocados pelos plásticos convencionais, oferecendo fontes renováveis, biodegradabilidade e compostabilidade. À medida que as tecnologias e os mercados continuam a evoluir, os bioplásticos têm o potencial de desempenhar um papel significativo na transição para uma economia mais sustentável e circular, em que os recursos são utilizados de forma eficiente, os resíduos são minimizados e os impactes ambientais são reduzidos.

Compreender as propriedades e características dos diferentes tipos de plásticos é essencial para selecionar os materiais mais adequados para aplicações específicas. Além disso, considerar o impacto ambiental dos plásticos e explorar alternativas, como os bioplásticos e os materiais recicláveis, é crucial para promover a sustentabilidade na utilização do plástico.

- **Analisar o impacto ambiental da produção e do consumo de plástico.**

A análise do impacto ambiental da produção e do consumo de plástico revela uma rede complexa de desafios interligados que se estendem ao longo de todo o ciclo de vida dos plásticos, desde a extração das matérias-primas até à sua eliminação. Embora os plásticos ofereçam inúmeras vantagens em termos de versatilidade, durabilidade e acessibilidade, a sua pegada ambiental é significativa e multifacetada. Eis um olhar mais atento sobre o impacto ambiental da produção e consumo de plástico:

1. Esgotamento de recursos:

- A produção de plástico depende fortemente de combustíveis fósseis não renováveis, principalmente petróleo bruto e gás natural. A extração e o processamento destes recursos contribuem para a destruição de habitats, a poluição do ar e da água e as emissões de gases com efeito de estufa.
- À medida que a procura global de plásticos continua a aumentar, aumentam as preocupações com o esgotamento dos recursos e o consumo de energia associado aos processos de extração e refinação.

2. Emissões de gases com efeito de estufa:

- A produção de plásticos, particularmente a partir de matérias-primas baseadas em combustíveis fósseis, é intensiva em energia e gera emissões de gases com efeito de estufa, incluindo dióxido de carbono (CO2), metano (CH4) e óxido nitroso (N2O).

- Além disso, o transporte de matérias-primas, produtos intermédios e produtos plásticos acabados contribui ainda mais para as emissões de carbono.

3. Poluição:

- Os processos de fabrico de plásticos libertam uma variedade de poluentes para o ar, a água e o solo, incluindo compostos orgânicos voláteis (COV), metais pesados e granulados de resina plástica conhecidos como nurdles.
- A poluição plástica estende-se para além das instalações de fabrico, com os resíduos plásticos a entrarem no ambiente através de uma eliminação incorrecta, de detritos e de infra-estruturas inadequadas de gestão de resíduos.
- A poluição plástica representa uma ameaça significativa para os ecossistemas terrestres e aquáticos, prejudicando a vida selvagem através da ingestão, do emaranhamento e da destruição do habitat.

4. Poluição dos oceanos:

- A poluição marinha por plásticos é uma questão ambiental particularmente premente, com milhões de toneladas métricas de plástico a entrarem anualmente nos oceanos. Os objectos de plástico descartados, os microplásticos e os fragmentos de plástico degradado acumulam-se nos ambientes marinhos, ameaçando a vida marinha e os ecossistemas.
- As correntes oceânicas concentram os detritos de plástico em giros, como a famosa Grande Mancha de Lixo do Pacífico, o que agrava o problema e dificulta os esforços de limpeza.

5. Deposição em aterro e incineração:

- A maior parte dos resíduos de plástico acaba em aterros sanitários ou instalações de incineração, onde representa um risco para a saúde humana e para o ambiente. Os plásticos podem demorar centenas a milhares de anos a degradar-se nos aterros, lixiviando substâncias químicas nocivas para o solo e as águas subterrâneas.

- A incineração de plásticos liberta emissões tóxicas e contribui para a poluição atmosférica e para as alterações climáticas, sobretudo se as instalações de incineração não dispuserem de medidas adequadas de controlo da poluição.

6. Poluição por microplásticos:

- Os microplásticos, pequenas partículas de plástico com menos de 5 milímetros de tamanho, tornaram-se omnipresentes no ambiente, contaminando o solo, a água e até o ar que respiramos. Os microplásticos têm origem na decomposição de objectos de plástico de maiores dimensões, bem como em microesferas presentes em produtos de higiene pessoal e em fibras sintéticas retiradas de têxteis.
- Os microplásticos representam riscos para a vida selvagem e os ecossistemas, bem como potenciais preocupações para a saúde humana através da ingestão de alimentos e água contaminados.

A abordagem do impacto ambiental da produção e do consumo de plástico exige uma abordagem multifacetada que englobe intervenções políticas, inovação tecnológica, mudanças de comportamento dos consumidores e melhores infra-estruturas de gestão de resíduos. Estratégias como a redução do consumo de plástico, a promoção de alternativas como os bioplásticos e os materiais reutilizáveis, a implementação de regimes de responsabilidade alargada do produtor (EPR) e o investimento em iniciativas de reciclagem e de economia circular são essenciais para atenuar a pegada ambiental dos plásticos e fazer a transição para um futuro mais sustentável.

Capítulo 2: O problema dos resíduos de plástico

Investigating the Scale of the Plastic Waste Crisis on a Global Level (Investigar a escala da crise dos resíduos de plástico a nível global):

Investigar a dimensão da crise dos resíduos de plástico implica examinar o volume total de resíduos de plástico produzidos a nível mundial, bem como compreender a sua distribuição, fontes e impactos. Isto implica uma investigação exaustiva e esforços de recolha de dados para quantificar a dimensão do problema e avaliar as suas implicações para o ambiente, a saúde humana e as economias mundiais. Os cientistas, as organizações ambientais e as agências governamentais desempenham um papel fundamental na realização de estudos, na análise de dados e na divulgação dos resultados para aumentar a consciencialização e informar as decisões políticas.

Os principais aspectos da investigação da dimensão da crise incluem:

1. **Quantificação da produção e do consumo de plástico**: Acompanhamento das taxas globais de produção e consumo de plástico ao longo do tempo para compreender a trajetória da produção de resíduos de plástico e identificar tendências e padrões.
2. **Avaliação da produção de resíduos de plástico**: Estimar a quantidade de resíduos de plástico gerados anualmente em diferentes sectores, incluindo embalagens, bens de consumo, construção e indústria transformadora.
3. **Mapeamento de Hotspots de Poluição Plástica**: Identificar regiões e ecossistemas mais afectados pela poluição por plásticos, como zonas costeiras, rios, oceanos e centros urbanos, através de técnicas de cartografia e deteção remota.
4. **Analisar os impactos ambientais**: Investigar as consequências ecológicas da poluição plástica, incluindo a degradação do habitat, o emaranhamento e a ingestão de animais selvagens e a perturbação do ecossistema, através de estudos de campo e investigação científica.
5. **Avaliação dos impactos na saúde humana**: Avaliar os potenciais riscos para a saúde associados à poluição por plásticos, tais como a

exposição a produtos químicos tóxicos lixiviados dos plásticos e a ingestão de microplásticos através de alimentos e fontes de água contaminados.

6. **Compreender os custos económicos**: Estimar os custos económicos da gestão de resíduos de plástico, esforços de limpeza, reparação ambiental e despesas de saúde associadas a problemas de saúde relacionados com o plástico.

   De um modo geral, a investigação da escala da crise dos resíduos de plástico fornece informações cruciais sobre a magnitude do problema e informa os processos de tomada de decisão destinados a atenuar os seus impactos e a promover soluções sustentáveis.

Debater os desafios da poluição por plásticos em diferentes ecossistemas, desde os oceanos até aos ambientes urbanos:

A poluição plástica apresenta desafios multifacetados em vários ecossistemas, cada um com as suas características e vulnerabilidades únicas. Dos oceanos aos ambientes urbanos, os resíduos de plástico representam ameaças significativas à integridade ambiental, às populações de animais selvagens, à saúde pública e ao bem-estar socioeconómico. Compreender os desafios da poluição por plásticos em diferentes ecossistemas implica examinar as vias, os impactos e as estratégias de atenuação adaptadas a cada ambiente.

1. **Ecossistemas marinhos**: Nos ambientes marinhos, a poluição por plásticos é generalizada, com grandes quantidades de detritos de plástico a acumularem-se nos oceanos, nas praias e nas zonas costeiras. Os desafios incluem o lixo marinho, o emaranhamento e a ingestão por animais marinhos, a destruição de habitats e o transporte de plásticos através das correntes oceânicas, levando à formação de manchas de lixo.

2. **Ecossistemas de água doce**: Os rios, lagos e massas de água doce também são susceptíveis à poluição por plásticos, principalmente devido ao escoamento urbano, a práticas inadequadas de gestão de resíduos e a descargas industriais. Os resíduos de plástico ameaçam a biodiversidade da água doce, perturbam os ecossistemas e colocam em risco os organismos aquáticos e a qualidade da água.

3. **Ecossistemas terrestres**: A poluição plástica estende-se aos ambientes terrestres, onde contamina os solos, a vegetação e os habitats da vida selvagem. Os desafios incluem a deposição de lixo no lixo, a poluição microplástica resultante da degradação do plástico e a acumulação de resíduos de plástico em zonas urbanas, parques e reservas naturais.

4. **Ambientes urbanos**: As zonas urbanas enfrentam desafios únicos relacionados com a poluição por plásticos, incluindo a deposição de lixo no lixo, infra-estruturas inadequadas de recolha e eliminação de resíduos e fugas de resíduos de plástico para os esgotos pluviais e cursos de água. A poluição plástica em ambientes urbanos contribui para a degradação visual, os riscos para a saúde e os custos económicos associados à limpeza e à gestão de resíduos.

Destacar os impactos sociais e económicos dos resíduos de plástico nas comunidades de todo o mundo:

Os resíduos de plástico têm implicações sociais e económicas de grande alcance para as comunidades a nível mundial, afectando os meios de subsistência, a saúde pública, o património cultural e a qualidade de vida. Compreender estes impactos é essencial para abordar a poluição plástica de forma abrangente e implementar estratégias eficazes para atenuar os seus efeitos adversos.

1. **Impactos na saúde**: A poluição por plásticos pode ter efeitos prejudiciais para a saúde humana, incluindo problemas respiratórios decorrentes da queima de resíduos de plástico, exposição a produtos químicos tóxicos lixiviados dos plásticos e ingestão de microplásticos através de alimentos e fontes de água contaminados.

2. **Custos económicos**: Os resíduos de plástico impõem encargos económicos significativos às comunidades, governos e empresas, incluindo custos associados à gestão de resíduos, esforços de limpeza, reparação ambiental, despesas de saúde e perda de receitas do turismo devido à poluição por plásticos.

3. **Justiça ambiental**: A poluição plástica afecta desproporcionadamente as comunidades marginalizadas e as populações vulneráveis, exacerbando as desigualdades sociais e as injustiças ambientais. Os bairros de baixos rendimentos e os países em desenvolvimento

suportam frequentemente o peso dos impactos da poluição plástica, enfrentando um acesso limitado a água potável, saneamento e serviços de saúde.

4. **Impactos culturais**: A poluição plástica ameaça o património cultural e as práticas tradicionais das comunidades indígenas, onde os ambientes naturais imaculados e as paisagens culturais são parte integrante da identidade, da espiritualidade e dos meios de subsistência.

Ao destacar os impactos sociais e económicos dos resíduos de plástico, as comunidades, os decisores políticos e as partes interessadas podem dar prioridade a abordagens inclusivas à gestão da poluição por plásticos que promovam a justiça ambiental, a capacitação das comunidades e o desenvolvimento sustentável.

De um modo geral, investigar a escala da crise dos resíduos de plástico, discutir os seus desafios em diferentes ecossistemas e destacar os seus impactos sociais e económicos são passos cruciais para o desenvolvimento de soluções holísticas que abordem as dimensões multifacetadas da poluição por plásticos e promovam um futuro mais sustentável e resiliente.

Capítulo 3: Tecnologias de reciclagem

Análise dos últimos avanços nas tecnologias de reciclagem de plásticos, da reciclagem mecânica à química:

A análise dos últimos avanços nas tecnologias de reciclagem de plásticos envolve o exame de abordagens e técnicas inovadoras destinadas a melhorar a eficiência, a eficácia e a sustentabilidade dos processos de reciclagem de plásticos. Dos métodos de reciclagem mecânica aos métodos de reciclagem química, os avanços tecnológicos oferecem soluções promissoras para enfrentar os desafios da gestão de resíduos de plástico e promover uma economia circular.

1. **Reciclagem mecânica**: Os processos de reciclagem mecânica envolvem a seleção, trituração e fusão de resíduos de plástico para produzir pellets ou flocos reciclados que podem ser utilizados no fabrico de novos produtos. Os recentes avanços na reciclagem mecânica incluem tecnologias de triagem automatizada, equipamento de trituração avançado e técnicas melhoradas de separação de polímeros, que aumentam a qualidade e a pureza dos plásticos reciclados.
2. **Reciclagem química**: A reciclagem química, também conhecida como reciclagem avançada ou despolimerização, envolve a decomposição dos polímeros de plástico nos seus monómeros constituintes ou noutros compostos químicos para reutilização na produção de novos plásticos ou outros materiais. As tecnologias emergentes de reciclagem química, como a pirólise, a gaseificação e a liquefação, oferecem oportunidades para converter resíduos plásticos mistos ou contaminados em matérias-primas valiosas para a indústria petroquímica.
3. **Reciclagem biológica**: A reciclagem biológica, ou biodegradação, aproveita os processos microbianos naturais para decompor os componentes orgânicos dos resíduos de plástico em composto, água e dióxido de carbono. Os avanços na investigação biotecnológica levaram ao desenvolvimento de enzimas e microrganismos capazes de degradar vários tipos de plásticos, oferecendo soluções amigas do ambiente para a gestão de plásticos biodegradáveis e fluxos de resíduos orgânicos.

4. **Tecnologias avançadas de triagem e reciclagem**: As inovações nas tecnologias de triagem baseadas em sensores, inteligência artificial e robótica permitem uma separação mais precisa e eficiente de diferentes tipos de plásticos, cores e contaminantes nas instalações de reciclagem. Estes avanços aumentam o rendimento da reciclagem, reduzem os níveis de contaminação e melhoram a qualidade geral dos materiais reciclados.

5. **Sistemas de reciclagem em circuito fechado**: Os sistemas de reciclagem em circuito fechado têm como objetivo criar cadeias de abastecimento circulares em que os materiais reciclados são continuamente reutilizados para fabricar novos produtos, reduzindo a necessidade de plásticos virgens e minimizando a produção de resíduos. Os esforços de colaboração entre fabricantes, recicladores e consumidores estão a impulsionar o desenvolvimento de sistemas de ciclo fechado e a promover a sustentabilidade em toda a cadeia de valor.

Ao analisar os últimos avanços nas tecnologias de reciclagem de plásticos, as partes interessadas podem identificar oportunidades de inovação, investimento e colaboração para acelerar a transição para uma economia de plásticos mais circular e sustentável.

Apresentação de estudos de caso de iniciativas de reciclagem bem sucedidas em diferentes regiões:

A apresentação de estudos de caso de iniciativas de reciclagem bem-sucedidas de diferentes regiões destaca exemplos reais de estratégias eficazes, parcerias e melhores práticas para a gestão e reciclagem de resíduos de plástico. Estes estudos de caso demonstram a viabilidade e o impacto de iniciativas de reciclagem inovadoras, inspirando a replicação e a adaptação noutras comunidades e indústrias.

1. **Programas de reciclagem baseados na comunidade**: Os programas de reciclagem baseados na comunidade envolvem os residentes locais, empresas e organizações em esforços de colaboração para recolher, separar e reciclar resíduos de plástico. Os estudos de casos de regiões com iniciativas de reciclagem comunitárias bem sucedidas mostram o ativismo de base, as campanhas de educação pública e os investimentos

em infra-estruturas que promovem a participação da comunidade e a gestão ambiental.

2. **Iniciativas de reciclagem das empresas**: As iniciativas de reciclagem corporativa demonstram o papel das empresas na condução de práticas sustentáveis e princípios de economia circular. Os estudos de casos de empresas que implementam sistemas de reciclagem em circuito fechado, estratégias de redesenho de produtos e programas de responsabilidade alargada do produtor ilustram os benefícios económicos, ambientais e sociais da integração da reciclagem nas estratégias de sustentabilidade empresarial.

3. **Políticas de reciclagem conduzidas pelos governos**: As políticas e regulamentos de reciclagem conduzidos pelos governos desempenham um papel crucial na definição das práticas de gestão de resíduos e na promoção do desenvolvimento de infra-estruturas de reciclagem. Os estudos de casos de regiões com políticas de reciclagem sólidas, incentivos à reciclagem e legislação de responsabilidade alargada do produtor mostram os resultados positivos da intervenção proactiva do governo na gestão de resíduos e na proteção ambiental.

4. **Tecnologias de reciclagem inovadoras**: Os estudos de caso que destacam tecnologias e processos de reciclagem inovadores oferecem uma visão do potencial dos métodos de reciclagem avançados para enfrentar os desafios dos resíduos de plástico. Exemplos de projectos-piloto bem sucedidos, iniciativas de investigação e implementações à escala comercial de reciclagem química, biodegradação ou tecnologias de triagem avançadas demonstram a viabilidade e a escalabilidade de novas abordagens à reciclagem de plásticos.

Ao apresentar estudos de casos de iniciativas de reciclagem bem sucedidas de diferentes regiões, as partes interessadas podem aprender com as experiências do mundo real, identificar as lições aprendidas e reproduzir modelos bem sucedidos para impulsionar o progresso no sentido de práticas de gestão de resíduos mais sustentáveis a nível global.

Discussão dos desafios e oportunidades da expansão das infra-estruturas de reciclagem:

Discutir os desafios e as oportunidades de aumentar as infra-estruturas de reciclagem implica examinar os obstáculos, as restrições e as potenciais soluções para expandir a capacidade de reciclagem, melhorar os sistemas de recolha e triagem e aumentar a utilização de materiais reciclados nos processos de fabrico. A expansão da infraestrutura de reciclagem é essencial para lidar com os volumes crescentes de resíduos de plástico, reduzir a dependência de plásticos virgens e fazer a transição para uma economia circular.

1. **Investimento em infra-estruturas**: Um dos principais desafios do aumento das infra-estruturas de reciclagem é assegurar o financiamento e o investimento adequados para o desenvolvimento e a expansão das instalações de reciclagem, das redes de recolha e das tecnologias de transformação. A falta de recursos financeiros, os elevados custos de capital e as condições de mercado incertas podem dificultar os investimentos em infra-estruturas e impedir o progresso em direção aos objectivos de reciclagem.

2. **Sistemas de recolha e triagem**: Sistemas eficientes de recolha e triagem são essenciais para maximizar as taxas de reciclagem e minimizar os níveis de contaminação dos materiais reciclados. Desafios como práticas de recolha inconsistentes, infra-estruturas inadequadas e baixas taxas de participação dos consumidores podem prejudicar a eficácia dos programas de reciclagem e minar os esforços de reciclagem.

3. **Inovação tecnológica**: A inovação tecnológica desempenha um papel crucial na superação das barreiras à reciclagem e na melhoria da eficiência e eficácia dos processos de reciclagem. As oportunidades de inovação incluem avanços nas tecnologias de triagem, técnicas de recuperação de materiais e conceção de produtos para reciclagem, que podem melhorar a qualidade e o valor dos materiais reciclados e impulsionar a procura de conteúdos reciclados.

4. **Procura do mercado e cadeias de abastecimento**: A criação de uma forte procura de materiais reciclados no mercado e o estabelecimento de cadeias de abastecimento sustentáveis são fundamentais para garantir a viabilidade económica das infra-estruturas de reciclagem. Desafios como a limitação dos mercados finais para os plásticos

reciclados, a flutuação dos preços dos produtos de base e as perturbações na cadeia de abastecimento podem afetar a rentabilidade e a competitividade das empresas de reciclagem e impedir o desenvolvimento do mercado.

5. **Quadros políticos e regulamentares**: Os quadros políticos e regulamentares de apoio são essenciais para criar um ambiente propício ao desenvolvimento de infra-estruturas de reciclagem e promover incentivos de mercado para a reciclagem. As oportunidades de intervenção política incluem a implementação de esquemas de responsabilidade alargada do produtor, a definição de objectivos de reciclagem, o fornecimento de incentivos financeiros para a reciclagem e a aplicação de regulamentos para promover o conteúdo reciclado nos produtos.

Ao discutir os desafios e as oportunidades de aumentar a infraestrutura de reciclagem, as partes interessadas podem identificar áreas prioritárias de ação, mobilizar recursos e colaborar em estratégias para superar barreiras e acelerar o progresso em direção a uma economia de plásticos mais sustentável e circular.

Capítulo 4: Bioplásticos e materiais de base biológica

Exploring the Potential of Bioplastics and Bio-based Materials as Alternatives to Traditional Plastics (Explorar o potencial dos bioplásticos e dos materiais de base biológica como alternativas aos plásticos tradicionais):

A exploração do potencial dos bioplásticos e dos materiais de base biológica envolve a investigação da viabilidade, das vantagens e dos desafios da utilização de recursos renováveis como alternativas aos plásticos tradicionais à base de petróleo. Os bioplásticos são derivados de fontes de biomassa orgânica, como plantas, algas ou microorganismos, oferecendo potenciais benefícios ambientais e uma menor dependência de combustíveis fósseis finitos.

1. **Fontes renováveis**: Os bioplásticos utilizam recursos renováveis como o milho, a cana-de-açúcar, a celulose ou o amido como matérias-primas, reduzindo a dependência de combustíveis fósseis não renováveis e mitigando os impactos ambientais associados à extração, processamento e transporte.

2. **Pegada de carbono reduzida**: Os bioplásticos têm o potencial de reduzir as emissões de gases com efeito de estufa em comparação com os plásticos convencionais, uma vez que sequestram dióxido de carbono durante o crescimento das plantas e têm uma pegada de carbono mais pequena ao longo do seu ciclo de vida, desde a produção até à eliminação.

3. **Diversas aplicações**: Os bioplásticos podem ser concebidos para apresentar uma vasta gama de propriedades e funcionalidades, tornando-os adequados para várias aplicações em sectores como o das embalagens, automóvel, têxtil, agricultura e biomédico.

4. **Biodegradabilidade e Compostabilidade**: Alguns bioplásticos são biodegradáveis ou compostáveis em condições específicas, oferecendo opções de fim de vida que atenuam a poluição por plásticos e promovem a circularidade. No entanto, é essencial distinguir entre os diferentes tipos de bioplásticos e as suas características de biodegradabilidade para garantir práticas de eliminação adequadas.

5. **Avanços tecnológicos**: A investigação em curso e os avanços tecnológicos no domínio do bioprocessamento, da química dos polímeros e da ciência dos materiais continuam a alargar as possibilidades e o desempenho dos bioplásticos, aumentando a sua competitividade e penetração no mercado.

Ao explorar o potencial dos bioplásticos e dos materiais de base biológica, as partes interessadas podem identificar oportunidades de inovação, investimento e colaboração para promover alternativas sustentáveis aos plásticos tradicionais e avançar para uma economia circular.

Analisar as vantagens e desvantagens ambientais dos plásticos biodegradáveis:

A análise dos benefícios e desvantagens ambientais dos plásticos biodegradáveis envolve a avaliação dos impactos ecológicos, da eficácia e dos compromissos associados aos materiais biodegradáveis em comparação com os plásticos convencionais. Embora os plásticos biodegradáveis ofereçam vantagens potenciais em termos de redução de resíduos e conservação de recursos, o seu desempenho ambiental depende de vários factores, incluindo a composição do material, os métodos de eliminação e as interacções com os ecossistemas.

1. **Redução de resíduos**: Os plásticos biodegradáveis têm potencial para reduzir a poluição por plásticos e aliviar a pressão sobre a capacidade dos aterros sanitários, degradando-se em compostos naturais como a água, o dióxido de carbono e a biomassa em condições ambientais específicas.

2. **Compostabilidade**: Alguns plásticos biodegradáveis são compostáveis, o que significa que podem ser processados em instalações industriais de compostagem juntamente com resíduos orgânicos para produzir composto rico em nutrientes para enriquecimento do solo. A compostagem oferece uma solução de ciclo fechado para a gestão de resíduos orgânicos e promove a circularidade dos fluxos de resíduos.

3. **Vias de Biodegradação**: Os plásticos biodegradáveis podem sofrer processos de degradação aeróbia ou anaeróbia, dependendo de factores ambientais como a disponibilidade de oxigénio, a temperatura e a

atividade microbiana. A compreensão das vias de biodegradação é essencial para prever as taxas de degradação e os impactes ambientais.

4. **Riscos de contaminação**: Os plásticos biodegradáveis podem apresentar riscos de contaminação se forem eliminados de forma incorrecta em ambientes naturais ou misturados com plásticos convencionais em fluxos de reciclagem. Os contaminantes dos plásticos biodegradáveis podem comprometer os processos de reciclagem e prejudicar a qualidade e o valor dos materiais reciclados.

5. **Considerações sobre o fim da vida útil**: A eliminação adequada e a gestão do fim de vida são cruciais para a concretização dos benefícios ambientais dos plásticos biodegradáveis. A educação dos consumidores, a implementação de normas de rotulagem e a melhoria das infra-estruturas de resíduos são essenciais para facilitar práticas de eliminação adequadas e minimizar os riscos ambientais.

Ao analisar as vantagens e desvantagens ambientais dos plásticos biodegradáveis, as partes interessadas podem tomar decisões informadas relativamente à sua utilização, eliminação e potencial papel em estratégias sustentáveis de gestão de resíduos.

Destacar as aplicações inovadoras de materiais de base biológica em vários sectores:

Destacar aplicações inovadoras de materiais de base biológica implica mostrar utilizações criativas, produtos e tecnologias que potenciam os recursos renováveis para enfrentar desafios específicos da indústria e promover a sustentabilidade. Os materiais de base biológica oferecem soluções versáteis em diversos sectores, desde a construção e a embalagem até aos têxteis e aos cuidados de saúde, demonstrando o potencial da inovação de base biológica para gerar resultados ambientais e económicos positivos.

1. **Embalagem**: Os materiais de base biológica são cada vez mais utilizados em aplicações de embalagem, oferecendo alternativas aos plásticos convencionais derivados do petróleo. Os bioplásticos fabricados a partir de polímeros à base de plantas ou de resíduos agrícolas podem fornecer soluções de embalagem sustentáveis com um impacto ambiental reduzido e melhores opções de fim de vida.

2. **Construção**: Os materiais de base biológica, como os polímeros de base biológica, os biocompósitos e o isolamento de base biológica, oferecem alternativas ecológicas para os materiais de construção, reduzindo a dependência dos combustíveis fósseis e promovendo a eficiência energética e o sequestro de carbono no ambiente construído.

3. **Têxteis e vestuário**: As fibras de base biológica derivadas de fontes naturais como o bambu, o cânhamo ou a polpa de madeira oferecem alternativas sustentáveis às fibras sintéticas na indústria têxtil. Estes materiais de base biológica proporcionam conforto, durabilidade e biodegradabilidade, satisfazendo a procura dos consumidores por vestuário e artigos de vestuário ecológicos e produzidos de forma ética.

4. **Sector automóvel**: Os materiais de base biológica são cada vez mais utilizados em aplicações automóveis para componentes interiores, estofos e peças estruturais, oferecendo alternativas leves, duradouras e ecológicas aos materiais tradicionais, como os plásticos e os metais. Os biocompósitos, as fibras naturais e as espumas de base biológica contribuem para a redução do peso dos veículos, para a eficiência do combustível e para a redução da pegada de carbono.

5. **Biomédica**: Os materiais de base biológica desempenham um papel vital nas aplicações médicas e de cuidados de saúde, incluindo implantes biodegradáveis, sistemas de administração de medicamentos e suportes de engenharia de tecidos. Os polímeros de base biológica, como o ácido poliláctico (PLA) e os polihidroxialcanoatos (PHA), oferecem biocompatibilidade, biodegradabilidade e versatilidade para o fabrico de dispositivos médicos e medicina regenerativa.

Ao destacar aplicações inovadoras de materiais de base biológica em vários sectores, as partes interessadas podem inspirar criatividade, colaboração e investimento em soluções sustentáveis que aproveitem o potencial dos recursos renováveis para enfrentar os desafios globais e criar impactos sociais e ambientais positivos.

Capítulo 5: Reciclagem e reutilização

Este capítulo centra-se na prática inovadora da reciclagem e reutilização de resíduos de plástico para criar novos produtos e obras de arte, destacando o seu potencial criativo, benefícios ambientais e significado cultural.

Apresentação de exemplos criativos de reciclagem e reutilização de resíduos de plástico em novos produtos:

Esta secção apresenta uma variedade de exemplos inspiradores em que os resíduos de plástico são transformados em produtos valiosos e funcionais através de técnicas de upcycling e de reutilização. Estes exemplos demonstram o engenho e a criatividade de designers, artistas e empresários que utilizam plásticos deitados fora como matéria-prima para criar mobiliário, decoração para casa, acessórios de moda e outros artigos inovadores. Ao destacar estes esforços criativos, o capítulo pretende demonstrar o potencial da reciclagem para desviar os resíduos de plástico dos aterros, reduzir o consumo de recursos e inspirar hábitos de consumo sustentáveis.

Discutir o papel do Design Thinking na criação de soluções sustentáveis:

O design thinking desempenha um papel crucial na promoção da inovação e da sustentabilidade no contexto da reciclagem e reutilização de resíduos de plástico. Esta secção explora a forma como as metodologias de design thinking, tais como a empatia, a ideação, a prototipagem e a iteração, podem contribuir para o desenvolvimento de soluções sustentáveis que respondam aos desafios ambientais, satisfazendo simultaneamente as necessidades e preferências dos utilizadores. Ao dar ênfase aos princípios de design centrados no utilizador, ao pensamento do ciclo de vida e às abordagens ao nível dos sistemas, os designers e inovadores podem criar produtos e sistemas que minimizem os resíduos, optimizem a utilização dos recursos e promovam a circularidade na economia. Através de estudos de caso e exemplos práticos, o capítulo ilustra a forma como o design thinking pode catalisar mudanças positivas e impulsionar a transição para um futuro mais sustentável.

Examinar o significado cultural e artístico da arte plástica reutilizada:

A arte plástica reutilizada engloba uma gama diversificada de expressões artísticas que utilizam plásticos deitados fora como meio de expressão criativa. Esta secção explora as dimensões culturais, sociais e ambientais da arte plástica reutilizada, destacando o seu potencial para aumentar a sensibilização para a poluição do plástico, provocar uma reflexão crítica e inspirar acções para uma mudança positiva. Através do trabalho de artistas contemporâneos, escultores e instalações, o capítulo aborda temas como o consumismo, a cultura do desperdício, a degradação ambiental e a resiliência. Ao examinar as qualidades estéticas, simbólicas e emocionais da arte plástica reutilizada, o capítulo procura aprofundar a nossa compreensão da relação humana com os resíduos plásticos e as suas implicações para a sociedade e o planeta. Além disso, ao mostrar o poder transformador da arte para provocar o pensamento, evocar emoções e estimular o diálogo, o capítulo sublinha o papel da criatividade e da imaginação na abordagem de desafios ambientais complexos e na promoção da transformação cultural.

Capítulo 6: Embalagens sustentáveis

Explorando abordagens inovadoras para o design de embalagens sustentáveis:

Esta rubrica centra-se na exploração de métodos e estratégias de ponta no domínio da conceção de embalagens sustentáveis. As embalagens sustentáveis têm como objetivo minimizar o impacto ambiental ao longo de todo o seu ciclo de vida, desde a aquisição de materiais até à eliminação em fim de vida. Esta secção explora abordagens inovadoras, tais como:

1. **Seleção de materiais**: Escolher materiais renováveis, biodegradáveis ou reciclados para as embalagens, a fim de reduzir a dependência de combustíveis fósseis e minimizar o consumo de recursos.
2. **Minimalismo e leveza**: Conceber embalagens com uma estética minimalista e materiais leves para reduzir a utilização de materiais, os custos de transporte e as emissões de carbono.
3. **Embalagens biodegradáveis e compostáveis**: Explorar materiais de embalagem biodegradáveis e compostáveis que se decompõem naturalmente no ambiente, oferecendo opções de fim de vida que minimizam os resíduos e a poluição.
4. **Embalagens reutilizáveis e recarregáveis**: Implementar sistemas de embalagens reutilizáveis e recarregáveis que permitam aos consumidores devolver e encher novamente os recipientes, reduzindo os resíduos de embalagens de utilização única e promovendo a circularidade.
5. **Conceitos de design inovadores**: Adotar conceitos de design inovadores, como embalagens modulares, embalagens comestíveis e embalagens dissolvíveis, para desafiar as noções tradicionais de embalagem e promover alternativas sustentáveis.

Ao explorar abordagens inovadoras para a conceção de embalagens sustentáveis, as empresas podem reduzir os impactos ambientais, melhorar a reputação da marca e satisfazer a procura de produtos ecológicos por parte dos consumidores.

Discutir o papel dos princípios da economia circular na redução dos resíduos de embalagens:

Esta secção examina os princípios da economia circular e a sua aplicação à indústria de embalagens. A economia circular procura eliminar os resíduos e a poluição, manter os produtos e materiais em utilização e regenerar os sistemas naturais. No contexto da embalagem, os princípios da economia circular podem incluir:

1. **Eficiência de recursos**: Otimizar o design da embalagem para maximizar a eficiência dos materiais, minimizar a produção de resíduos e prolongar a vida útil do produto através da durabilidade e reutilização.

2. **Sistemas de ciclo fechado**: Implementação de sistemas de embalagem de ciclo fechado em que os materiais são recuperados, reciclados e reintegrados no processo de produção para criar novos produtos de embalagem, reduzindo a necessidade de materiais virgens.

3. **Responsabilidade alargada do produtor (EPR)**: Responsabilização dos produtores pelo impacto ambiental das suas embalagens ao longo do seu ciclo de vida, incentivando a conceção com vista à reciclagem, reutilização e respeito pelo ambiente.

4. **Logística inversa**: Criação de infra-estruturas eficientes de recolha, triagem e reciclagem para facilitar a recuperação e o reprocessamento de materiais de embalagem no fim da sua vida útil, fechando o ciclo e minimizando os resíduos.

Ao adoptarem os princípios da economia circular, as empresas podem transformar a sua abordagem às embalagens, minimizar o impacto ambiental e contribuir para uma economia mais sustentável e resiliente.

Destacar estudos de casos de empresas que implementam soluções de embalagem sustentáveis:

Esta secção apresenta exemplos reais de empresas que implementaram com sucesso soluções de embalagens sustentáveis, demonstrando as melhores práticas, desafios e resultados. Os estudos de caso podem incluir:

1. **Grandes marcas**: Destacar as empresas multinacionais que assumiram compromissos significativos em matéria de embalagens sustentáveis, tais como a utilização de materiais reciclados, a redução dos resíduos de embalagens e a implementação de conceitos de design inovadores.
2. **Pequenas e médias empresas (PME)**: Apresentando startups e PMEs inovadoras que desenvolveram soluções criativas e escaláveis para desafios de sustentabilidade de embalagens, alavancando agilidade, criatividade e estratégias de nicho de mercado.
3. **Colaborações do sector**: Explorar iniciativas de colaboração e parcerias dentro das indústrias ou cadeias de fornecimento para abordar coletivamente a sustentabilidade das embalagens, partilhando recursos, conhecimentos e melhores práticas para benefício mútuo.
4. **Envolvimento do consumidor**: Análise de estratégias para envolver os consumidores em iniciativas de embalagens sustentáveis, como a rotulagem ecológica, a transparência das embalagens e as campanhas de educação dos consumidores para promover a mudança de comportamentos e apoiar escolhas sustentáveis.

Ao destacar estudos de casos de empresas que implementam soluções de embalagens sustentáveis, esta secção fornece informações valiosas e inspiração para as empresas que procuram alinhar as suas práticas de embalagem com objectivos de sustentabilidade, reduzir o impacto ambiental e aumentar o valor da marca

Capítulo 7: Construção e infra-estruturas

Explorando abordagens inovadoras para o design de embalagens sustentáveis:

Esta rubrica centra-se na exploração de métodos e estratégias de ponta no domínio da conceção de embalagens sustentáveis. As embalagens sustentáveis têm como objetivo minimizar o impacto ambiental ao longo de todo o seu ciclo de vida, desde a aquisição de materiais até à eliminação em fim de vida. Esta secção explora abordagens inovadoras, tais como:

1. **Seleção de materiais**: Escolher materiais renováveis, biodegradáveis ou reciclados para as embalagens, a fim de reduzir a dependência de combustíveis fósseis e minimizar o consumo de recursos.

2. **Minimalismo e leveza**: Conceber embalagens com uma estética minimalista e materiais leves para reduzir a utilização de materiais, os custos de transporte e as emissões de carbono.

3. **Embalagens biodegradáveis e compostáveis**: Explorar materiais de embalagem biodegradáveis e compostáveis que se decompõem naturalmente no ambiente, oferecendo opções de fim de vida que minimizam os resíduos e a poluição.

4. **Embalagens reutilizáveis e recarregáveis**: Implementar sistemas de embalagens reutilizáveis e recarregáveis que permitam aos consumidores devolver e encher novamente os recipientes, reduzindo os resíduos de embalagens de utilização única e promovendo a circularidade.

5. **Conceitos de design inovadores**: Adotar conceitos de design inovadores, como embalagens modulares, embalagens comestíveis e embalagens dissolvíveis, para desafiar as noções tradicionais de embalagem e promover alternativas sustentáveis.

Ao explorar abordagens inovadoras para a conceção de embalagens sustentáveis, as empresas podem reduzir os impactos ambientais, melhorar a reputação da marca e satisfazer a procura de produtos ecológicos por parte dos consumidores.

Discutir o papel dos princípios da economia circular na redução dos resíduos de embalagens:

Esta secção examina os princípios da economia circular e a sua aplicação à indústria de embalagens. A economia circular procura eliminar os resíduos e a poluição, manter os produtos e materiais em utilização e regenerar os sistemas naturais. No contexto da embalagem, os princípios da economia circular podem incluir:

1. **Eficiência de recursos**: Otimizar o design da embalagem para maximizar a eficiência dos materiais, minimizar a produção de resíduos e prolongar a vida útil do produto através da durabilidade e reutilização.
2. **Sistemas de ciclo fechado**: Implementação de sistemas de embalagem de ciclo fechado em que os materiais são recuperados, reciclados e reintegrados no processo de produção para criar novos produtos de embalagem, reduzindo a necessidade de materiais virgens.
3. **Responsabilidade alargada do produtor (EPR)**: Responsabilização dos produtores pelo impacto ambiental das suas embalagens ao longo do seu ciclo de vida, incentivando a conceção com vista à reciclagem, reutilização e respeito pelo ambiente.
4. **Logística inversa**: Criação de infra-estruturas eficientes de recolha, triagem e reciclagem para facilitar a recuperação e o reprocessamento de materiais de embalagem no fim da sua vida útil, fechando o ciclo e minimizando os resíduos.

Ao adoptarem os princípios da economia circular, as empresas podem transformar a sua abordagem às embalagens, minimizar o impacto ambiental e contribuir para uma economia mais sustentável e resiliente.

Destacar estudos de casos de empresas que implementam soluções de embalagem sustentáveis:

Esta secção apresenta exemplos reais de empresas que implementaram com sucesso soluções de embalagens sustentáveis, demonstrando as melhores práticas, desafios e resultados. Os estudos de caso podem incluir:

1. **Grandes marcas**: Destacar as empresas multinacionais que assumiram compromissos significativos em matéria de embalagens sustentáveis, tais como a utilização de materiais reciclados, a redução dos resíduos de embalagens e a implementação de conceitos de design inovadores.
2. **Pequenas e médias empresas (PME)**: Apresentando startups e PMEs inovadoras que desenvolveram soluções criativas e escaláveis para desafios de sustentabilidade de embalagens, alavancando agilidade, criatividade e estratégias de nicho de mercado.
3. **Colaborações do sector**: Explorar iniciativas de colaboração e parcerias dentro das indústrias ou cadeias de fornecimento para abordar coletivamente a sustentabilidade das embalagens, partilhando recursos, conhecimentos e melhores práticas para benefício mútuo.
4. **Envolvimento do consumidor**: Examinar estratégias para envolver os consumidores em iniciativas de embalagens sustentáveis, como a rotulagem ecológica, a transparência das embalagens e campanhas de educação dos consumidores para promover a mudança de comportamentos e apoiar escolhas sustentáveis.

Ao destacar estudos de casos de empresas que implementam soluções de embalagens sustentáveis, esta secção fornece informações valiosas e inspiração para as empresas que procuram alinhar as suas práticas de embalagem com objectivos de sustentabilidade, reduzir o impacto ambiental e aumentar o valor da marca

Capítulo 8: Iniciativas comunitárias e ativismo

Este capítulo centra-se no papel fundamental das iniciativas comunitárias e do ativismo de base no combate à poluição por plásticos e na promoção de práticas sustentáveis a nível local.

Highlighting Grassroots Efforts to Reduce Plastic Waste at the Community Level (Destacar os esforços de base para reduzir os resíduos de plástico a nível comunitário):

Esta secção destaca um conjunto diversificado de iniciativas de base e projectos liderados pela comunidade destinados a reduzir os resíduos de plástico e a promover a sustentabilidade nas comunidades locais. Estes esforços podem incluir:

1. **Iniciativas de desperdício zero**: Organizações de base e grupos comunitários que lideram iniciativas de desperdício zero que incentivam a redução de resíduos, a reciclagem, a compostagem e a conservação de recursos a nível doméstico e de bairro.

2. **Comunidades Livres de Plástico**: Campanhas e movimentos que defendem a adoção de políticas e práticas sem plástico em empresas locais, escolas, instalações governamentais e espaços públicos, promovendo alternativas aos plásticos de utilização única e incentivando alternativas reutilizáveis.

3. **Eventos comunitários de limpeza**: Eventos de limpeza liderados por voluntários e limpezas de praias ou rios organizados por membros da comunidade para remover lixo e detritos de plástico de ambientes naturais, sensibilizar para a poluição por plásticos e promover um sentido de gestão ambiental.

4. **Hortas comunitárias e compostagem**: Hortas comunitárias, projectos de agricultura urbana e iniciativas de compostagem que envolvam os residentes na agricultura sustentável, na redução dos resíduos alimentares e na regeneração dos solos, utilizando os resíduos orgânicos como um recurso para a produção local de alimentos e a resiliência da comunidade.

Ao destacar os esforços das bases para reduzir os resíduos de plástico a nível comunitário, esta secção celebra o poder da ação colectiva, do envolvimento dos cidadãos e das soluções da base para o topo na abordagem dos desafios ambientais e na promoção de mudanças positivas.

Discutir a importância da educação e da consciencialização na mudança do comportamento do consumidor:

Esta parte do debate sublinha o papel fundamental das campanhas de educação, divulgação e sensibilização na formação das atitudes, comportamentos e padrões de consumo dos consumidores relacionados com a utilização e os resíduos de plástico. Os pontos principais incluem:

1. **Literacia ambiental**: Fornecer recursos educativos acessíveis e envolventes, workshops e programas de divulgação que aumentem a literacia ambiental, capacitando os indivíduos com conhecimentos sobre a poluição do plástico, gestão de resíduos e alternativas sustentáveis.

2. **Mudança comportamental**: Empregar estratégias de mudança de comportamento, técnicas de marketing social e estímulos para influenciar as escolhas, os hábitos e as preferências dos consumidores no sentido de comportamentos mais sustentáveis, como a redução do consumo de plástico, a reciclagem e o apoio a produtos e empresas ecológicos.

3. **Envolvimento dos jovens**: Envolver os jovens e os estudantes na educação ambiental e no ativismo através da integração do currículo escolar, de actividades extracurriculares, de campanhas lideradas por jovens e de clubes ambientais, cultivando uma nova geração de cidadãos e agentes de mudança com consciência ambiental.

4. **Media e comunicação**: Aproveitar os meios de comunicação tradicionais, as plataformas de redes sociais e os canais digitais para divulgar informações, sensibilizar e mobilizar o apoio público para iniciativas de redução dos plásticos, amplificando as mensagens e catalisando a mudança social.

Ao discutir a importância da educação e da sensibilização para a mudança de comportamento dos consumidores, esta secção realça o poder da informação, do diálogo e da capacitação para impulsionar a ação individual e colectiva no sentido de um futuro sem plástico.

Apresentação de campanhas e iniciativas bem sucedidas destinadas a reduzir a poluição por plásticos:

Esta parte do capítulo apresenta exemplos inspiradores de campanhas, iniciativas e projectos bem sucedidos que tiveram um impacto tangível na redução da poluição por plásticos e na promoção da sustentabilidade. Estes podem incluir:

1. **Campanhas de proibição dos sacos**: Campanhas de base e esforços de sensibilização que conseguiram fazer pressão para a implementação de proibições ou taxas sobre os sacos de plástico nas comunidades locais, reduzindo o consumo de sacos de plástico e incentivando alternativas reutilizáveis.

2. **Programas de recarga e reutilização**: Programas de recarga e reutilização liderados pela comunidade que promovem alternativas aos plásticos de utilização única, tais como estações de recarga para garrafas de água, recipientes reutilizáveis e iniciativas de compras a granel, facilitando aos consumidores a adoção de hábitos de redução de resíduos.

3. **Eventos sem plástico**: Eventos, festivais e mercados que se comprometeram a eliminar os plásticos de utilização única, a implementar práticas de desperdício zero e a fornecer alternativas ecológicas aos participantes, estabelecendo novos padrões para a gestão sustentável de eventos.

4. **Defesa de políticas locais**: Organizações de base e grupos de cidadãos que defenderam com êxito alterações políticas e decretos municipais destinados a reduzir a poluição por plásticos, tais como a proibição de palhinhas de plástico, utensílios e recipientes de esferovite.

Ao apresentar campanhas e iniciativas bem sucedidas destinadas a reduzir a poluição por plásticos, esta secção fornece inspiração, orientação e melhores práticas para organizadores comunitários, activistas e agentes de mudança que procuram ter um impacto positivo nas suas próprias comunidades.

Capítulo 9: Política e regulamentação

Analyzing the Role of Government Policies and Regulations in Addressing Plastic Pollution (Analisar o papel das políticas e regulamentos governamentais no combate à poluição por plásticos):

Esta secção examina o papel fundamental das políticas e regulamentações governamentais no combate à poluição por plásticos. Os principais pontos de análise incluem:

1. **Quadros de políticas**: Avaliar a eficácia dos quadros políticos existentes a nível local, nacional e internacional no combate à poluição por plásticos, incluindo os regulamentos que regem a produção, utilização, eliminação e reciclagem de plásticos.

2. **Medidas legislativas**: Análise de medidas legislativas específicas, tais como proibições, impostos, taxas e incentivos destinados a reduzir os plásticos de utilização única, promover a reciclagem e encorajar alternativas sustentáveis.

3. **Mecanismos de aplicação**: Avaliar os mecanismos de aplicação e as estratégias de conformidade utilizadas pelos governos para garantir o cumprimento dos regulamentos relacionados com os plásticos, incluindo a monitorização, a inspeção e as sanções por incumprimento.

4. **Envolvimento das partes interessadas**: Examinar o papel do envolvimento das partes interessadas, da consulta pública e da colaboração entre as agências governamentais, as partes interessadas da indústria, as ONG ambientais e a sociedade civil na definição de políticas e regulamentos sobre a poluição por plásticos.

5. **Impactos das políticas**: Investigar os impactos ambientais, sociais e económicos das políticas e regulamentos governamentais sobre a poluição por plásticos, incluindo alterações na produção de resíduos, taxas de reciclagem, lixo marinho, sensibilização do público e inovação da indústria.

Ao analisar o papel das políticas e regulamentações governamentais no combate à poluição por plásticos, as partes interessadas podem identificar oportunidades de reforma política, reforço de capacidades e cooperação internacional para acelerar o progresso em direção a um futuro sem plásticos.

Debater os acordos e iniciativas internacionais destinados a reduzir os resíduos de plástico:

Esta parte do debate centra-se nos acordos, convenções e iniciativas internacionais destinados a abordar a questão dos resíduos de plástico à escala mundial. Os principais tópicos incluem:

1. **Acordos Multilaterais**: Examinar os principais acordos e convenções multilaterais relacionados com a poluição dos plásticos, como a Convenção de Basileia, a Convenção de Estocolmo e a Convenção-Quadro das Nações Unidas sobre as Alterações Climáticas (CQNUAC), e a sua relevância para a gestão e regulamentação dos resíduos de plástico.
2. **Iniciativas regionais**: Debater iniciativas regionais e esforços de colaboração entre países ou blocos para combater a poluição por plásticos, incluindo planos de ação regionais, acordos e parcerias destinados a promover a cooperação transfronteiriça e a responsabilidade partilhada.
3. **Plataformas internacionais**: Destaque para plataformas, fóruns e iniciativas internacionais dedicados a combater a poluição por plásticos, como a campanha Clean Seas do Programa das Nações Unidas para o Ambiente (PNUA), a Global Plastic Action Partnership (GPAP) e a iniciativa New Plastics Economy da Fundação Ellen MacArthur.
4. **Metas e Compromissos Globais**: Analisar os objectivos e compromissos globais estabelecidos por organismos internacionais, governos e partes interessadas para reduzir os resíduos de plástico, tais como os Objectivos de Desenvolvimento Sustentável (ODS), o Acordo de Paris e as promessas voluntárias da indústria para melhorar a sustentabilidade das embalagens de plástico.

Ao discutir os acordos e iniciativas internacionais destinados a reduzir os resíduos de plástico, as partes interessadas podem obter informações sobre as tendências globais, as melhores práticas e as oportunidades de colaboração para uma ação colectiva contra a poluição por plásticos.

Exploring the Potential for Extended Producer Responsibility and Other Regulatory Measures (Exploração do potencial da responsabilidade alargada do produtor e de outras medidas regulamentares):

Esta secção explora as medidas regulamentares destinadas a responsabilizar os produtores pelos impactos ambientais dos seus produtos, incluindo a responsabilidade alargada do produtor (EPR) e outros quadros regulamentares. Os principais aspectos incluem:

1. **Responsabilidade alargada do produtor (EPR)**: Analisar o conceito de RAP e a sua aplicação à gestão de resíduos de plástico, incluindo a conceção, implementação e gestão de programas RAP que transferem a responsabilidade e os custos dos contribuintes para os produtores na gestão de produtos em fim de vida.
2. **Sistemas de devolução de depósitos (DRS)**: Discutir o papel dos sistemas de devolução de depósitos no incentivo à reciclagem de plásticos e na redução do lixo, incluindo a conceção, funcionamento e eficácia dos programas DRS para recipientes de bebidas e outras embalagens de utilização única.
3. **Regulamentos de conceção de produtos**: Explorar os regulamentos e normas de conceção de produtos destinados a promover a conceção ecológica, a reciclabilidade e a eficiência dos recursos em embalagens e produtos de plástico, incluindo requisitos mínimos de conteúdo reciclado, conceção para desmontagem e sistemas de rotulagem.
4. **Instrumentos baseados no mercado**: Análise de instrumentos baseados no mercado, como impostos, taxas e subsídios sobre os plásticos, que visam internalizar os custos ambientais da poluição por plásticos, incentivar práticas sustentáveis e estimular a inovação na gestão dos resíduos de plásticos.

Ao explorar o potencial da responsabilidade alargada do produtor e de outras medidas regulamentares, as partes interessadas podem avaliar as opções políticas, identificar as melhores práticas e defender reformas políticas que promovam uma economia circular e atenuem a poluição por plásticos.

Capítulo 10: Rumo a uma economia circular

Defender uma mudança para um modelo de economia circular para os plásticos:

Esta secção salienta a importância da transição de um modelo linear de "pegar-fazer-descartar" para um modelo de economia circular para os plásticos. Os pontos principais incluem:

1. **Princípios da economia circular**: Explicação dos princípios da economia circular, que incluem a eliminação dos resíduos e da poluição, a manutenção dos produtos e materiais em utilização e a regeneração dos sistemas naturais.
2. **Ciclo de vida do plástico**: Ilustração de como uma abordagem de economia circular visa minimizar a extração de matérias-primas, maximizar a utilização e reutilização de plásticos ao longo do seu ciclo de vida e assegurar a sua recuperação e reciclagem eficientes no final da utilização.
3. **Eficiência de recursos**: Defender a eficiência dos recursos na produção e consumo de plástico, salientando a importância de conceber produtos com vista à durabilidade, reparabilidade e reciclabilidade para prolongar a sua vida útil e minimizar a produção de resíduos.
4. **Pensamento sistémico**: Destacar a interligação dos materiais, produtos e fluxos de resíduos no contexto económico e ambiental mais vasto e a necessidade de mudanças sistémicas nas práticas de produção, consumo e gestão de resíduos.

Ao defenderem a mudança para um modelo de economia circular para os plásticos, as partes interessadas podem promover a gestão sustentável dos recursos, reduzir o impacto ambiental e criar valor em toda a cadeia de abastecimento dos plásticos.

Discutir os princípios de reduzir, reutilizar, reciclar e como podem ser aplicados aos resíduos de plástico:

Esta secção explora os princípios fundamentais da redução, reutilização e reciclagem e a sua aplicação à gestão dos resíduos de plástico. Os pontos principais incluem:

1. **Reduzir**: Sublinhar a importância de reduzir o consumo de plástico e a produção de resíduos através de medidas como a reformulação de produtos, a otimização de embalagens e campanhas de educação do consumidor para minimizar a utilização de plásticos de utilização única e de embalagens desnecessárias.

2. **Reutilização**: Promover a reutilização de produtos e embalagens de plástico através de iniciativas como recipientes recarregáveis, sacos reutilizáveis e bens duradouros, prolongando o seu tempo de vida e reduzindo a necessidade de novos materiais.

3. **Reciclar**: Incentivar a reciclagem de resíduos de plástico através de sistemas eficientes de recolha, triagem e processamento, e apoiar o desenvolvimento de processos de reciclagem em circuito fechado que transformem os plásticos reciclados em novos produtos e materiais.

Ao debater os princípios da redução, reutilização e reciclagem e a sua aplicação aos resíduos de plástico, as partes interessadas podem identificar oportunidades de prevenção de resíduos, conservação de recursos e circularidade na economia dos plásticos.

Destacar as oportunidades económicas da transição para uma economia circular dos plásticos:

Esta parte do debate explora os benefícios económicos e as oportunidades associadas à transição para um modelo de economia circular para os plásticos. Os principais aspectos incluem:

1. **Eficiência de recursos**: Melhorar a eficiência dos recursos e a produtividade dos materiais nos processos de produção e consumo de plástico, reduzindo os custos associados às matérias-primas, ao consumo de energia e à eliminação de resíduos.

2. **Inovação e criação de emprego**: Estimular a inovação na conceção de produtos, na ciência dos materiais e nas tecnologias de reciclagem, criando novas oportunidades de negócio, empregos e mercados para produtos e serviços sustentáveis.

3. **Retenção de valor**: Retenção do valor dos plásticos ao longo do seu ciclo de vida através da reutilização, refabricação e reciclagem, capturando o valor económico dos resíduos de plástico e evitando perdas financeiras associadas à eliminação e aos danos ambientais.

4. **Resiliência da cadeia de abastecimento**: Reforçar a resiliência e a segurança da cadeia de abastecimento diversificando as fontes de materiais, reduzindo a dependência de combustíveis fósseis finitos e promovendo infra-estruturas locais de reciclagem e modelos empresariais circulares.

Ao destacar as oportunidades económicas da transição para uma economia circular para os plásticos, as partes interessadas podem mobilizar o apoio de empresas, decisores políticos e investidores e desbloquear investimentos em soluções sustentáveis que proporcionem prosperidade económica e gestão ambiental a longo prazo.

Em conclusão, "Beyond Waste: Exploring the Sustainable Reuses of Plastic" oferece mais do que uma simples análise da poluição plástica; serve como testemunho da criatividade e adaptabilidade humanas quando confrontadas com crises ambientais. Ao redefinirmos o objetivo do plástico na nossa sociedade e ao adoptarmos abordagens inventivas, temos o potencial de moldar um futuro em que o plástico deixa de ser um prejuízo para o nosso planeta e passa a ser um bem valioso para as gerações futuras.

Junte-se a nós nesta viagem transformadora, à medida que mergulhamos nas inúmeras oportunidades de reutilização do plástico e lutamos por um mundo que dê prioridade à sustentabilidade. Juntos, vamos embarcar num caminho em direção à inovação, à resiliência e a um futuro mais brilhante e sustentável para todos

Referências :

[1] S.M. Al-Salem P. Lettieri, J. Baeyens,2009,Recycling and recovery routes of plastic solid waste (PSW): A review ,waste management, 29(10):2625-43

[2] Xiaoning Yang, Lushi Sun , Jun Xiang, Song Hu, Sheng Su Xiaoning Yang e 2013, Pyrolysis and dehalogenation of plastics from waste electrical and electronic equipment (WEEE): A review, waste management, 33(2):462-73

[3] JeongIn Gug, David Cacciola, Margaret J. Sobkowicz- Revisão JeongIn Gug, 2015 Processamento e propriedades de um combustível energético sólido a partir de resíduos sólidos urbanos (RSU) e plásticos reciclados, gestão de resíduos, 35, 283-292

[4] Junaid Saleem , Chao Ning , John Barford , Gordon McKay, 2015 , Combating oil spill problem using plastic waste, waste management , 44, 34-38

[5] Eva Sevigné-Itoiz , Carles M. Gasol , Joan Rieradevall , Xavier Gabarrell Eva Sevigné-Itoiz etal 2015, Contribution of plastic waste recovery to greenhouse gas (GHG) savingsin Spain,waste management,46,557-567

[6] Recuperação de resíduos de plástico de lixeiras como combustível derivado de resíduos e sua utilização em pequenos sistemas de gaseificação, 2010, Chart Chiemchaisri , Boonya Charnnok , Chettiyappan Visvanathan , Bioresource Technology 101 , 1522-1527

[7] Sutharat Muenmee, Wilai, Chiemchaisri,Chart Chiemchaisri ,2015, Microbial consortium involving biological methane oxidation in relation to the biodegradation of waste plastics in a solid waste disposal open dump site,,International biodeterioration &Biodegradation, 102,172-181Top

Printed by Books on Demand GmbH, Norderstedt / Germany